烹饪大师
私房食谱书系
（精品版）

地道经典川菜
100 道

邱克洪 主编

U0388210

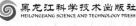
黑龙江科学技术出版社
HEILONGJIANG SCIENCE AND TECHNOLOGY PRESS

图书在版编目（CIP）数据

地道经典川菜100道 / 邱克洪主编. —— 哈尔滨：黑
龙江科学技术出版社, 2020.9
ISBN 978-7-5719-0370-1

Ⅰ.①地… Ⅱ.①邱… Ⅲ.①川菜 – 菜谱 Ⅳ.
①TS972.182.71

中国版本图书馆CIP数据核字(2020)第016548号

地道经典川菜 100 道
DIDAO JINGDIAN CHUANCAI 100 DAO

主　　编	邱克洪
策划编辑	深圳·弘艺文化　HONGYI CULTURE
封面设计	
责任编辑	徐　洋
出　　版	黑龙江科学技术出版社
地　　址	哈尔滨市南岗区公安街 70-2 号
邮　　编	150007
电　　话	（0451）53642106
传　　真	（0451）53642143
网　　址	www.lkcbs.cn
发　　行	全国新华书店
印　　刷	雅迪云印（天津）科技有限公司
开　　本	710mm×1000mm　1/16
印　　张	12
字　　数	200 千字
版　　次	2020 年 9 月第 1 版
印　　次	2020 年 9 月第 1 次印刷
书　　号	ISBN 978-7-5719-0370-1
定　　价	39.80 元

目录 C O N T E N T S

NO.1

韭香肥牛

◎ 强健筋骨 ◎

原料:
肥牛卷300克,韭菜80克
调料:
盐、鸡粉各2克,料酒10毫升,水淀粉、食用油各适量

做法:

① 韭菜切碎待用。

② 锅中加清水烧开,倒入肥牛卷拌匀。

③ 煮沸后捞出。

④ 起油锅,倒入肥牛卷,加入料酒炒香。

⑤ 倒入韭菜,加盐、鸡粉调味。

⑥ 加入水淀粉勾芡,淋入熟油拌匀。

⑦ 烧煮约1分钟至入味。

⑧ 关火后,将菜肴盛出装盘即可。

NO.2

小炒黄牛肉

◎ **强壮筋骨、益气养血** ◎

做法:

❶ 将黄牛肉洗净,切成薄片。

❷ 在牛肉中加入淀粉、小苏打、适量盐、料酒、少许食用油,拌匀,腌渍15分钟。

❸ 将青尖椒、红尖椒洗净,切细圈。

❹ 锅烧热,放入食用油,放入牛肉片炒变色,捞出沥干油。

❺ 锅内留油,放入蒜片、姜片炒香后,再放入青椒圈、红椒圈炒香。

❻ 将牛肉倒入锅中,翻炒匀,加十三香、酱油、蚝油、鸡精、盐炒匀,盛出即可。

原料:

黄牛肉200克,青尖椒、红尖椒各100克

调料:

十三香、小苏打、盐、鸡精各3克,酱油10毫升,淀粉5克,料酒4毫升,蚝油10克,食用油适量,蒜片、姜片各10克

NO.3

干锅牦牛肉

◎ 补中益气、强健筋骨 ◎

原料：

牦牛肉150克（人工养殖），红尖椒、芹菜各30克，干辣椒段10克，八角、桂皮各5克，高汤500毫升

调料：

盐3克，味精8克，蚝油、辣椒酱、姜片、白糖各10克，料酒、辣椒油各10毫升，胡椒粉2克，食用油适量

做法：

❶ 将牦牛肉洗净，切片；红尖椒洗净，切圈；芹菜洗净，切段。

❷ 锅中放入适量油，烧至六成热，放牦牛肉炒片刻，加八角、桂皮、干辣椒、料酒，炒干水分，加入高汤，放入1克盐、味精、蚝油、辣椒酱调好味，放入白糖调色，倒入高压锅压制12分钟。

❸ 锅至旺火上，放入辣椒油，下姜片、红椒圈煸香，放入芹菜炒匀，将牛肉带汁一起下锅，收浓汤汁。

❹ 放入胡椒粉、盐调味，出锅即可。

NO.4

红烧牛肉

◉ 补中益气、强健筋骨 ◉

原料：
牛肉100克，白萝卜50克

调料：
冰糖、盐各3克，酱油3毫升，醋少许，豆瓣酱10克，姜片、葱段、花椒各5克，八角、香叶、干辣椒、香菜、食用油各适量

做法：

❶ 牛肉洗净，切块，入沸水中余去血水；白萝卜洗净，切块。

❷ 锅中注入适量油，烧至六成热，放入姜片、葱段爆香，将牛肉块入锅炸3~5分钟，捞起。

❸ 蒸锅注入适量清水，放入炸过的牛肉，大火煮沸后，转小火，放入八角、香叶、酱油、醋、冰糖，炖半小时。

❹ 炒锅烧油，放入豆瓣酱爆炒，将豆瓣酱倒入蒸锅内，加入干辣椒、花椒。

❺ 牛肉炖一个半小时后，加入已切好的白萝卜，再炖半小时，至汤色深红，放盐调味，盛出放上香菜即可。

NO.5

石磨豆花肥牛

◉ **补中益气、强筋健骨** ◉

原料：

牛肉片、豆腐块各100克，青椒
粒、红椒粒各10克

调料：

盐、鸡粉各4克，料酒4毫升，
生抽3毫升，淀粉3克，食用油适
量，蒜蓉、姜片各少许

做法:

❶ 豆腐块切成片,放入加了盐的开水中烫一下,去掉豆腥味后捞出装入大碗中。

❷ 备好的牛肉片加适量盐、鸡粉,加入料酒、生抽,抓匀,再加少许淀粉、少许食用油抓匀,待用。

❸ 炒锅下油,烧至六七成热,放入姜片、蒜蓉、青椒粒、红椒粒煸香,加入少许清水烧开,再加盐和鸡粉调味。

❹ 将牛肉片倒入锅里烫熟,趁热浇在装有豆腐的大碗里即可。

NO.6

椒香草原肚

◎ 补血养气 ◎

原料:

红椒40克,青椒50克,牛肚150克,青花椒、干辣椒各适量

调料:

盐、鸡粉各3克,料酒10毫升,生抽5毫升,豆瓣酱10克,水淀粉、食用油、姜片、蒜末、葱白各适量

做法:

❶ 牛肚切成小块。

❷ 红椒、青椒切圈。

❸ 锅中加入适量清水,烧开,加入5毫升料酒。

❹ 倒入牛肚,大火煮沸,煮片刻。

❺ 将煮好的牛肚捞出备用。

❻ 用油起锅,倒入青花椒、干辣椒、姜片、蒜末、葱白,爆香。

❼ 倒入青椒和红椒,拌炒匀。

❽ 放入牛肚,炒匀,淋入余下的料酒,炒香。

❾ 加入盐、鸡粉、生抽、豆瓣酱,炒匀调味,倒入水淀粉。

❿ 拌炒片刻至入味,盛入碗中即可。

NO.7

千千佛果

◎ **增强免疫力** ◎

原料:
牛肉200克,干辣椒10个
调料:
盐、鸡粉各3克,豆瓣酱、孜然粉、花椒粉各10克,料酒10毫升,花椒10克,水淀粉、食用油、葱末、姜末各适量

做法:

① 牛肉洗净切块。

② 葱末和姜末装入碗中,倒入少许料酒,用手挤出汁,把汁倒在牛肉上,加少许盐、鸡粉、水淀粉拌匀,腌10分钟。

③ 将牛肉用竹签穿好,装入盘中备用。

④ 热锅注油,烧至六成热,倒入牛肉。

⑤ 炸约1分钟至熟,捞出待用。

⑥ 锅留底油,倒入花椒,放入干辣椒炒出辣味,再放入姜末煸香。

⑦ 加入豆瓣酱拌匀,倒入炸好的牛肉。

⑧ 撒入孜然粉、花椒粉,将牛肉翻炒均匀。

⑨ 出锅装入盘中即可。

NO.8

椒香肥牛

◎ 增强免疫力 ◎

原料：
肥牛卷200克，小米椒20克，
葱花适量

调料：
盐、鸡粉各3克，料酒10毫
升，水淀粉、熟油、食用油各
适量

做法：

① 小米椒切圈。

② 锅中加清水烧开，倒入肥牛卷拌匀。煮沸后捞出。

③ 起油锅，倒入肥牛卷，加入料酒炒香。

④ 加盐、鸡粉调味。

⑤ 加入水淀粉勾芡，淋入熟油拌匀。

⑥ 烧煮约1分钟至入味。

⑦ 关火后，将菜肴盛出装盘，撒上葱花、小米椒即可。

NO.9

花椒草原肚

◎ **补气养血** ◎

做法：

❶ 把牛肚切成薄片。

❷ 热锅注油，倒入花椒、蒜末爆香。

❸ 倒入牛肚炒匀。

❹ 加入料酒，炒匀提味，加入生抽、豆瓣酱，炒香炒透。

❺ 注入适量清水烧开，放入盐、鸡粉、蚝油，炒匀。

❻ 淋入老抽炒匀调味，用小火煮至食材入味。

❼ 关火后，将菜肴盛入碗中即可。

原料：
牛肚150克
调料：
盐、鸡粉各2克，料酒、蚝油、豆瓣酱各5克，老抽、生抽各5毫升，花椒、蒜末、食用油各适量

NO.10

米凉粉烧鲜牛筋

◎ **强精壮骨** ◎

原料：
米凉粉100克，熟牛筋90克，
朝天椒20克

调料：
盐、鸡粉各3克，生抽5毫
升，蒜末、食用油各适量

做法：

❶ 米凉粉切块。

❷ 熟牛筋切块。

❸ 热锅注油，倒入蒜末爆香。

❹ 倒入朝天椒、熟牛筋炒匀。

❺ 倒入米凉粉炒匀。

❻ 加入盐、鸡粉、生抽炒匀入味。

❼ 注入适量清水煮沸。

❽ 关火后，将菜肴盛入碗中即可。

NO.11

香豆焖牛腩

◎ **增强免疫力** ◎

原料：

牛腩200克，香豆60克，干辣椒3个

调料：

鸡粉、盐、白糖各3克，料酒10毫升，草果2个，八角2个，桂皮1片，茴香籽10克，陈皮1片，香叶2片，花椒粒10克，姜片、葱段、蒜头、生抽、老抽、食用油各适量

做法：

❶ 处理好的牛腩切成大块，待用。

❷ 锅中注入适量清水，大火烧开，倒入牛腩，汆去血水和杂质。

❸ 将牛腩捞出，沥干水分，待用。

❹ 热锅注油烧热，倒入姜片、葱段、蒜头。

❺ 倒入草果、八角、桂皮、茴香籽、陈皮、香叶、花椒粒、干辣椒，爆香。

❻ 倒入牛腩、香豆，快速翻炒出香味，加入白糖、料酒、生抽，翻炒提鲜。

❼ 注入适量清水，稍稍搅拌。

❽ 盖上盖，大火煮开后转小火煮1小时。

❾ 掀开盖，放入鸡粉、盐，搅拌调味。

❿ 淋入老抽，快速翻炒均匀，关火后将炒好的菜肴盛出装入盘中即可。

NO.12

红袍仔姜烧牛掌

◎ 滋阴补肾、调中下气 ◎

原料：
黄牛掌300克，大红椒250克，仔姜15克，泡红辣椒8克，高汤适量

调料：
盐5克，味精3克，料酒4毫升，香油5毫升，水淀粉、食用油各适量，花椒8克，葱段3克

做法：

❶ 将牛掌刮净毛，用流水冲洗干净，剁成小方块；红椒洗净，从中间切开，去子；仔姜洗净，切丝。

❷ 锅中注入适量清水烧开，放入红椒煮片刻捞出，放入牛掌反复氽煮约15分钟。

❸ 锅中注入适量油烧热，倒入泡红辣椒、葱段、花椒、仔姜，炒香，倒入高汤烧沸。

❹ 放入盐、味精、料酒、香油、牛掌，烧60分钟至糯软入味，放入水淀粉收汁。

❺ 盛出装盘，四周摆上红椒即可。

NO.13

极品麻辣诱惑

◎ 开胃 ◎

做法：

❶ 把洗净的牛肚切成小块；洗净的鸭血切小方块。

❷ 去皮洗净的莴笋切片；香肠切片。

❸ 锅内注水倒入清水煮沸，倒入牛肚，汆至熟，捞出备用。

❹ 倒入鸭血，煮至熟，捞出沥干水分。

❺ 炒锅注油烧热，倒入红椒末、姜片、葱白，煸炒香。

❻ 放入豆瓣酱，拌炒匀，注入高汤。

❼ 盖上锅盖，焖煮约5分钟。

❽ 揭开盖，加盐、鸡粉、白糖，淋入料酒。

❾ 倒入洗净的黄喉、木耳、豆芽，再放入香肠、莴笋，拌匀。

❿ 盖上盖，煮至材料熟透后，将食材盛入碗中，撒上香菜即可。

原料：
黄喉、牛肚各90克，水发木耳30克，豆芽40克，香肠50克，莴笋、鸭血各80克，高汤100毫升，红椒末、香菜各适量

调料：
盐、鸡粉各3克，白糖2克，料酒5毫升，姜片、葱白、豆瓣酱、食用油各适量

NO.14

极品毛血旺

◎ 补气养血 ◎

原料：

牛肚150克，黄花菜、水发木耳各30克，豆芽、火腿肠各40克，高汤100毫升，莴笋、鸭血各80克，红椒末、香菜各适量

调料：

盐、鸡粉各3克，白糖2克，料酒5毫升，姜片、葱白、豆瓣酱、食用油各适量

做法：

① 把洗净的牛肚切成小块；洗净的鸭血切小方块。

② 去皮洗净的莴笋切片；火腿肠切片。

③ 锅内注水倒入清水煮沸，倒入牛肚，汆煮至熟，捞出备用。

④ 再倒入鸭血，煮至熟，捞出沥干水分。

⑤ 炒锅注油烧热，倒入红椒末、姜片、葱白，煸炒香。

⑥ 放入豆瓣酱，拌炒匀，注入适量高汤。

⑦ 盖上锅盖，焖煮约5分钟。

⑧ 揭开盖，加盐、鸡粉、白糖，淋入少许料酒。

⑨ 倒入洗净的黄花菜、木耳、豆芽，再放入火腿肠、莴笋，拌匀。

⑩ 盖上盖，煮至材料熟透后，将食材盛入碗中，放上香菜即可。

NO.15

飘香大排

◎ **增强免疫力** ◎

原料：
猪大排200克，青椒、红椒各
30克，豆豉20克

调料：
盐、鸡粉各3克，生抽5毫升，
食用油、蒜末各适量

做法：

❶ 锅内注水烧开，倒入猪大排煮至熟软。

❷ 将猪大排捞出待用。

❸ 热锅注油，倒入蒜末爆香。

❹ 倒入青椒、红椒、豆豉，炒匀。

❺ 倒入猪大排炒匀。

❻ 加入盐、鸡粉、生抽，炒匀入味。

❼ 将食材盛入锡纸木盘中即可。

NO.16

铜盆双脆

◎ 补肾 ◎

原料：
黄喉、猪腰各80克，红椒30克

调料：
盐、鸡粉各3克，生抽5毫升，
葱段、食用油各适量

做法：

① 黄喉切段。

② 猪腰切花刀；红椒切块。

③ 锅内注水烧开，倒入猪腰、黄喉煮至熟软后捞出待用。

④ 热锅注油，倒入葱段爆香。

⑤ 倒入猪腰、黄喉炒匀。

⑥ 倒入红椒炒匀。

⑦ 加入盐、鸡粉、生抽炒匀入味。

⑧ 关火后，将食材盛入碗中即可。

NO.17

巴蜀猪蹄

◎ **美容养颜、抗衰老** ◎

做法：

❶ 将一个猪蹄分六块，去毛后，泡洗净，用水煮10分钟，捞出。

❷ 锅里放油，凉油下锅后，放入冰糖，小火慢炒，炒到冒密集小泡后，放入猪蹄，来回翻炒。

❸ 下入花椒、干辣椒、陈皮，炒出香味。

❹ 加酱油、料酒、醋，加水没过猪蹄，大火烧开，小火慢炖。

❺ 快收干水分的时候，开大火，加盐微炖，关火，盛出放上葱花即可。

原料：
猪蹄2个，干辣椒少许
调料：
盐5克，酱油、料酒各6毫升，冰糖3克，花椒、醋、陈皮各少许，葱花、食用油各适量

NO.18

滋味萝卜排骨

◎ 滋阴壮阳 ◎

原料:
白萝卜100克,排骨300克
调料:
盐、鸡粉各3克,生抽5毫升,食用油、葱花、蒜末各适量

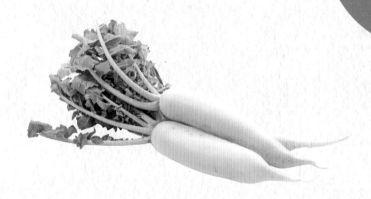

做法:

❶ 洗净去皮的白萝卜切片,再切块。

❷ 锅中注入适量清水,大火烧开。

❸ 放入排骨,余煮片刻去除血水。

❹ 将食材捞出,沥干水分,待用。

❺ 热锅注油,倒入蒜末爆香。

❻ 倒入排骨炒匀,加入盐、鸡粉、生抽拌匀入味。

❼ 加入适量清水,倒入白萝卜,中火煮30分钟。

❽ 关火后,将食材盛入碗中,撒上葱花即可。

NO.19

猪蹄西蓝花

◎ **美容养颜、抗衰老** ◎

原料:
猪蹄450克,西蓝花100克
调料:
味精3克,冰糖10克,酱油4毫
升,食用油适量,卤香料1包

做法:

❶ 猪蹄剃净毛洗净,从中间剖成两半,入开水锅中氽水,捞出;锅中另注入清水
烧开,放入西蓝花焯水片刻,捞出待用。

❷ 锅中注入适量油,烧至六成热,放入猪蹄,油炸上色。

❸ 将猪蹄、卤香料放入锅中,加入适量水,放入味精、冰糖、酱油,用大火烧开
后,改小火煮至猪蹄熟透。

❹ 将猪蹄盛入碗中,摆上西蓝花点缀,浇上锅中汤汁即可。

NO.20

霸王肘子

◎ 美容养颜、增强体质 ◎

原料：
猪前肘1200克，红灯笼辣椒100克，上海青、青椒末各20克，卤香料包1份，熟芝麻少许

调料：
盐5克，味精3克，料酒、酱油各5毫升，蜂蜜、猪油、食用油各适量，葱花、姜末各少许

做法：

❶ 先将肘子褪尽毛，冷水下锅，下料酒、蜂蜜煮至七成熟，捞出抹干水分待用。

❷ 锅入猪油至八成热，下肘子炸至金黄色起虎皮，泡入温水中起泡。

❸ 肘子加入卤香料卤至熟透捞出装盘，卤汤待用；上海青洗净，入开水中焯熟，摆在肘子旁。

❹ 锅中加食用油烧至四成热，灯笼椒冲水至湿润，入锅中加青椒末、姜末煸香，加入卤汤、盐、味精、酱油，淋在肘子上，撒上熟芝麻、葱花即可。

NO.21

辣子爽肉拌果仁

◎ **增强免疫力** ◎

原料：
猪肉100克，青椒、红椒各30克，干辣椒20克，巴旦木50克

调料：
盐、鸡粉各3克，生抽5毫升，食用油适量

做法：

❶ 猪肉切丝。

❷ 青椒、红椒切丝。

❸ 热锅注油，倒入干辣椒、猪肉炒匀。

❹ 倒入青椒、红椒，加入盐、鸡粉、生抽炒匀入味。

❺ 将炒好的食材盛入碗中，撒上巴旦木拌匀即可。

NO.22

盐煎肉

◎ **增强免疫力** ◎

原料：
五花肉150克，红椒30克

调料：
盐、鸡粉各3克，生抽5毫升，
豆瓣酱5克，食用油、葱段、蒜
末各适量

做法：

❶ 洗净的红椒切成圈。

❷ 处理好的五花肉切成片，备用。

❸ 用油起锅，倒入切好的五花肉，翻炒出油。

❹ 放入少许盐、鸡粉快速翻炒均匀。

❺ 淋入适量生抽，放入少许豆瓣酱，翻炒片刻。

❻ 放入葱段、蒜末，翻炒出香味。

❼ 倒入切好的红椒。

❽ 翻炒片刻，至其入味。

❾ 关火后盛出炒好的菜肴，装入盘中即可。

NO.23

菌香红烧肉

◎ 开胃、增强免疫力 ◎

原料：
五花肉200克，红椒、青椒各50克，水发蘑菇70克

调料：
盐、鸡粉各2克，冰糖8克，老抽、生抽各5毫升，八角3颗，香叶2片，草果3颗，食用油适量

做法：

❶ 青椒、红椒切圈。

❷ 五花肉切块。

❸ 锅里放入五花肉块，煸炒到微黄。

❹ 放入八角、香叶、草果，炒出香味。

❺ 放入老抽、生抽炒匀，再倒入适量清水、盐，翻炒至入味，放入冰糖，盖上锅盖，小火煨煮30分钟。

❻ 倒入青椒、红椒、蘑菇炒匀。

❼ 加入适量盐、鸡粉炒匀入味。

❽ 关火后，将红烧肉盛入碗中即可。

NO.24

鲜椒爆鼻筋

◎ **增强免疫力** ◎

做法:

❶ 猪鼻筋切条。

❷ 热锅注油，倒入蒜末爆香。

❸ 倒入猪鼻筋，炒匀。

❹ 倒入辣椒酱炒匀入味，加入盐、鸡粉、生抽炒匀入味。

❺ 关火后，将食材盛入碗中即可。

原料:

猪鼻筋100克，辣椒酱30克

调料:

盐、鸡粉各3克，蒜末、生抽、食用油各适量

NO.25

茶树菇炒老腊肉

◉ **开胃消食、健脾** ◉

原料：
腊肉100克，茶树菇50克，青椒20克，干辣椒10克

调料：
鸡粉、胡椒粉、白糖各5克，姜片、生抽、料酒、食用油各适量

做法：

❶ 腊肉洗净，切成薄片；茶树菇洗净，切去根部；青椒洗净，斜切成段；干辣椒切圈。

❷ 锅中注油，烧至六成热时，放入姜片爆香，放入切好的青椒、干辣椒炒匀。

❸ 放入腊肉片，大火爆炒片刻。

❹ 倒入茶树菇，调入生抽和料酒，翻炒均匀。

❺ 锅中加入少许清水，中火慢炒5分钟，加入鸡粉、胡椒粉、白糖炒匀，盛入盘中即可。

NO.26

粉丝包菜炒五花肉

◎ 开胃消食、抗衰老 ◎

做法：

❶ 包菜洗净切细丝；粉丝泡软待用；蒜切片；五花肉洗净切片；干红辣椒切段。

❷ 炒锅放油烧热，下蒜片、干红椒段爆香，放入五花肉片煸熟。

❸ 放入包菜，炒到变软出水时，下粉丝翻炒。

❹ 加老抽、盐调味，炒至粉丝绵软入味即可起锅。

原料：

包菜150克，粉丝、五花肉各70克，干红辣椒4个

调料：

盐3克，蒜2瓣，老抽、食用油各适量

NO.27

功夫霸王辣双脆

◎ 补肾益气、强腰 ◎

原料：

猪腰、鸡胗各150克，干辣椒50克，香菜适量

调料：

盐5克，味精6克，酱油、料酒各4毫升，米酒10毫升，豆瓣酱3克，胡椒粉3克，香油2毫升，水淀粉10毫升，姜片5克，葱花、食用油各适量

做法：

① 将鸡胗清洗干净；猪腰洗净，切长条块，再切十字花刀，再改切成3厘米长、2厘米宽的块。

② 鸡胗、猪腰用盐、葱花、姜片、米酒、水淀粉码味上浆。

③ 碗中放入盐、味精、酱油、水淀粉，拌匀调成芡汁。

④ 锅中注入适量油，烧至六成热，下猪腰、鸡胗滑油，至八成熟时，捞出沥干油。

⑤ 锅内留底油，下入干辣椒、姜片、豆瓣酱炒香，放入猪腰、鸡胗，烹入料酒略炒，倒入芡汁翻炒均匀，撒胡椒粉、香油、盐，盛出放上葱花、香菜即可。

NO.28

干烧绍子蹄筋

◎ 补气血、延缓衰老 ◎

原料：
猪肉、猪蹄筋各100克，青椒、红椒各20克，高汤250毫升

调料：
盐5克，酱油10毫升，料酒8毫升，胡椒粉2克，玉米淀粉15克，葱段10克，猪油、食用油各适量

做法：

❶ 将备好的猪蹄筋入油锅中炸发，捞起，放在开水锅里汆透，捞出，控去水分。

❷ 猪肉洗净，剁成末；青椒洗净，切圈；红椒洗净，切段。

❸ 锅中放猪油，把肉末炒散，加青椒、红椒、葱段、高汤，放入蹄筋，烧开后改小火焖3~5分钟入味。

❹ 玉米淀粉加水调成半流体状的芡汁，倒入锅中。

❺ 加入酱油、料酒、胡椒粉拌炒，加盐调味，倒入盘中即成。

NO.29

椒王脆香骨

◎ 开胃、增强免疫力 ◎

原料：
青花椒20克，拆骨肉150克，
干辣椒、花生仁各适量

调料：
盐、鸡粉各3克，生抽5毫升，
食用油、蒜末各适量

做法：

❶ 拆骨肉切块。

❷ 热锅注油，倒入青花椒、蒜末、干辣椒爆香。

❸ 倒入拆骨肉炒至转色。

❹ 倒入花生仁炒香。

❺ 加入盐、鸡粉、生抽炒匀入味。

❻ 关火后，将炒好的食材盛入盘中即可。

NO.30

石锅肥肠鸡

◉ 润燥补虚、益气养血 ◉

原料:
肥肠、鸡肉各200克,红椒、青椒各20克,卤水1000毫升

调料:
盐、味精各5克,姜片、蒜末各15克,食用油适量

做法:

❶ 鸡肉洗净切块,入开水锅中氽水,捞出待用。

❷ 青椒、红椒洗净,切块。

❸ 将肥肠处理干净,入开水锅中氽水后,冲凉洗净,放入卤水中,中火卤制1小时后取出,切成段。

❹ 锅中注入适量油,烧至六成热,放入肥肠略炸上色后,捞出沥油。

❺ 锅留底油,放入红椒、青椒、姜片、蒜末大火煸香,加入鸡块、肥肠大火翻炒。

❻ 加水没过食材,大火烧开后,小火炖煮15~20分钟,加盐、味精调味,出锅装入烧热的石锅即成。

NO.31

泡椒肥肠蛙

◎ **滋阴补阳** ◎

原料：
牛蛙120克，肥肠100克，青椒、
红椒各适量

调料：
盐、鸡粉各3克，料酒10毫升，
蚝油5克，生抽、姜片、蒜末、葱
白、食用油各适量

做法：

❶ 将宰杀处理干净的牛蛙切成块；肥肠切段；青椒、红椒切段。

❷ 牛蛙块加盐、鸡粉、料酒拌匀。

❸ 加少许食用油，腌渍10分钟。

❹ 用油起锅，倒入姜片、蒜末、葱白、青椒、红椒爆香。

❺ 倒入牛蛙、肥肠炒至变色。

❻ 淋入料酒，加蚝油炒匀。

❼ 注入适量清水煮沸。

❽ 加生抽、鸡粉炒匀调味。

❾ 将煮好的食材盛入碗中即可。

NO.32

酸辣鸭血肥肠

◉ **补虚、润肠通便** ◉

原料：
盒装鸭血、肥肠各200克，泡椒20克，泡菜50克，花椒、青椒、高汤各适量

调料：
盐5克，料酒、生抽各5毫升，蚝油、高汤、食用油、姜片、葱段各适量

做法：

❶ 将肥肠加适量盐反复抓洗干净，下入放有适量清水的锅中，加入少许料酒、姜片、葱段后开火，煮至锅内水开约1分钟后将肥肠捞出，再次用清水冲洗干净，沥干，切成段。

❷ 盒装鸭血洗净，切成小块；泡椒洗净，切成圈；泡菜洗净，切片；青椒洗净，切成圈。

❸ 热锅放油，下入花椒，炸出香味后下入鸭血与肥肠，翻炒干水分后下入姜片，炒匀。

❹ 放料酒，炒匀后下入泡菜与泡椒，炒匀。

❺ 下入蚝油、盐、高汤，烧开后改小火煮20分钟。

❻ 最后放入生抽、青椒圈，炒匀后出锅即可。

NO.33

香辣巴骨肉

◎ 强健筋骨、补中益气 ◎

原料：

排骨500克，青辣椒50克，干辣椒30克，熟花生米、蒜苗各适量

调料：

盐4克，老抽4毫升，白糖3克，豆豉10克，料酒、食用油、姜片各适量

做法：

❶ 将排骨洗净，斩块，入高压锅上气后压10分钟关火取出。

❷ 青辣椒、干辣椒洗净，切圈；蒜苗切段。

❸ 热锅下油，烧至八成热，下蒜苗、姜片、豆豉炒香。

❹ 放入青辣椒、干辣椒，炒匀。

❺ 放入排骨，加入料酒，大火炒翻炒至肉略显金黄色，放入老抽、盐、白糖，充分翻炒，盛出时放入熟花生米即可。

NO.34

石锅豆花肥肠

◎ 润燥补虚、止渴止血 ◎

原料：

猪肠400克，内酯豆腐250克，蒜苗10克，泡椒适量，高汤200毫升

调料：

料酒、水淀粉各4毫升，面粉5克，啤酒20毫升，花椒粉2克，蒜、葱段、姜、郫县豆瓣酱、辣椒粉、酱油、盐、食用油各适量

做法：

❶ 蒜苗择洗净，切碎；泡椒、蒜洗净，切末；姜洗净，部分切片，部分切末。

❷ 用面粉、啤酒将猪肠内外搓洗干净，去除膻腥味，再用清水反复冲洗干净。

❸ 锅置火上，加适量清水、姜片、料酒大火煮沸，下入肥肠煮约20分钟，捞出沥干。

❹ 将处理好的肥肠切成小块。

❺ 锅中水烧沸，将内酯豆腐放入余烫去除豆腥味。

❻ 油锅烧热，爆香葱段、姜末，下郫县豆瓣酱、泡椒炒出香味，倒入高汤，大火烧沸。

❼ 放入内酯豆腐、猪肠，转至中小火烧至肠软入味。

❽ 加酱油、辣椒粉、花椒粉、盐调味，用水淀粉勾薄芡。

❾ 起锅前撒入蒜苗，盛入石锅即可。

NO.35

小炒香香嘴

◎ **增进食欲** ◎

原料：
腊猪嘴150克，青椒、红椒各30克
调料：
盐、鸡粉各3克，白糖2克，料
酒、生抽各5毫升，蚝油、五香
粉、食用油、姜片、葱碎各适量

做法：

❶ 洗净去柄的青椒、红椒切块。

❷ 锅中注入适量清水，大火烧开。

❸ 倒入腊猪嘴，氽煮片刻，去除多余盐分。

❹ 将氽好的腊猪嘴捞出，沥干水分，待用。

❺ 用油起锅，倒入姜片、葱碎，爆香。

❻ 倒入红椒、青椒，快速翻炒片刻。

❼ 倒入腊猪嘴，翻炒出香味。

❽ 淋上料酒、生抽，放入蚝油、五香粉。

❾ 再注入少许清水，炒匀。

❿ 加入盐、鸡粉、白糖，炒匀调味，关火后将炒好的菜肴盛
出装入盘中即可。

NO.36

招牌口口脆

◎ **润燥补虚、润肠调血** ◎

原料：
猪肠500克，青椒、小米椒各20克，香菜适量

调料：
盐、淀粉各5克，豆瓣酱3克，料酒、酱油、食用油各适量，花椒粒10克，蒜瓣、蒜苗各5克

做法：

❶ 将猪肠加盐、淀粉抓洗3次，用温水洗2次，翻过来再用温水洗2次。

❷ 锅里放水，放入洗净的猪肠，放入花椒粒、适量料酒，煮开后改中小火再煮25分钟，撇去泡沫。

❸ 煮好后放凉，切小段。

❹ 青椒洗净切小段；小米椒洗净切圈；蒜苗切小段；蒜瓣拍碎。

❺ 锅里放油，下蒜瓣、蒜苗炒出香味，放入青椒、小米椒炒匀。

❻ 放入猪肠炒香，下酱油、豆瓣酱，加适量水，煮至食材熟。

❼ 放盐，出锅放上香菜即可。

NO.37

棒棒鸡

◎ **温中益气、补虚填精** ◎

做法：

① 鸡腿洗净，取部分葱段切丝。

② 锅中加入葱段、姜片、料酒，放入鸡腿大火烧沸，转中小火煮10分钟关火，捞出凉凉。

③ 取一碗，碗中加入生抽、白糖、味精、花椒粉、辣椒油、熟芝麻仁，最后加入香油调匀成味汁。

④ 用特制的木棒将煮熟的鸡肉拍松，均匀切成薄片。

⑤ 浇入味汁，放上葱丝、香菜即可。

原料：

鸡腿200克，熟芝麻仁3克，香菜适量

调料：

料酒5毫升，生抽3毫升，花椒粉3克，白糖5克，味精3克，辣椒油15毫升，香油10毫升，葱段、姜片各适量

NO.38

烧椒口味乌鸡

◎ **补肝益肾、健脾止泻** ◎

原料：
乌鸡300克，青辣椒30克，红辣椒10克

调料：
盐4克，生抽3毫升，花椒5克，食用油适量

做法：

❶ 乌鸡洗净斩成块，入开水锅中余水，捞出。

❷ 青辣椒洗净切条；红辣椒洗净切圈。

❸ 油锅烧热，倒入青辣椒、红辣椒、花椒，翻炒至断生。

❹ 撒入盐，倒入生抽，炒均匀，倒入鸡块，翻炒片刻。

❺ 加入适量水，盖上锅盖焖煮至收汁，盛出即可。

NO.39

高压风味米椒鸡

◎ **增强免疫力** ◎

原料:
鸡肉200克, 米椒20克,
红椒60克

调料:
盐、鸡粉各3克, 生抽10
毫升, 食用油、葱段、蒜
末各适量

做法:

❶ 鸡肉切块。

❷ 米椒切圈; 红椒切块。

❸ 往鸡肉中加入盐、鸡粉、生抽拌匀腌渍入味。

❹ 热锅注油, 倒入蒜末、米椒、葱段爆香。

❺ 倒入鸡肉拌匀。

❻ 加入红椒炒匀。

❼ 关火后, 将炒好的食材盛入碗中即可。

NO.40

蜀国椒麻鸡

◎ **增强免疫力** ◎

原料：

鸡腿150克，青椒、红椒各40克，青花椒20克，干辣椒10克

调料：

盐、鸡粉各3克，八角2个，桂皮1片，香叶3片，花椒10克，淀粉、生抽、料酒、辣椒油、花椒油、水淀粉、姜片、葱段、蒜末、食用油各适量

做法：

❶ 将洗净的鸡腿切开，斩成小块。

❷ 把鸡块装入碗中，加入少许生抽、盐、鸡粉、料酒，拌匀。

❸ 加入淀粉，拌匀，腌渍10分钟。

❹ 锅中注入适量食用油，烧至四成热，倒入腌好的鸡肉块，拌匀。

❺ 捞出炸好的鸡块，沥干油，待用。

❻ 锅底留油烧热，倒入姜片、葱段、蒜末，炒香。

❼ 放入八角、桂皮、香叶、花椒、干辣椒、青花椒炒匀。

❽ 倒入炸好的鸡块，翻炒匀，淋入少许料酒，炒匀。

❾ 倒入青椒、红椒，加入少许生抽，炒匀提香。

❿ 注入适量清水，加入少许盐、鸡粉。

⓫ 淋入适量辣椒油、花椒油，拌匀调味。

⓬ 倒入水淀粉，翻炒均匀。

⓭ 关火后盛出炒好的菜肴即可。

NO.41

歌乐山辣子鸡

◎ 补精益髓、开胃 ◎

原料：
鸡肉500克，干辣椒200克，花椒50克，芝麻30克，生菜20克

调料：
料酒20毫升，酱油30毫升，味精3克，盐10克，冰糖20克，食用油适量，葱丝、姜片各少许

做法：

❶ 将鸡肉洗净，切成小块；干辣椒切小段。

❷ 鸡肉放到碗中，加酱油、料酒、味精、盐、少许姜片、少许花椒，拌匀，腌30分钟。

❸ 锅里倒入适量油，烧至五成热，改小火，将辣椒与籽分离，下辣椒过油30秒捞起。

❹ 改用大火将辣椒油烧至十成热，下鸡块炸全姜黄色，盛出放置一会儿后，再次下锅炸，出锅沥油，待用。

❺ 锅留底油，下姜片、葱丝爆香，然后下冰糖和炸好的鸡块翻炒，将油辣子、辣椒籽和花椒下锅。

❻ 转中火不断翻炒，待锅中的油汁被吸收得差不多，下芝麻，翻炒出焦香味。

❼ 洗净的生菜铺在盘底，盛入食材即可。

NO.42

辣子爆石鸡

◎ **增强免疫力** ◎

原料:
青椒、红椒各30克,鸡肉200克
调料:
豆瓣酱5克,鸡粉、白糖各3
克,料酒、水淀粉、生抽、姜
片、食用油各适量

做法:

① 洗净的红椒、青椒切开去籽,切成段,鸡肉切块。

② 锅中注入适量清水,大火烧开。

③ 倒入鸡块,搅匀,去除血水。

④ 将鸡块捞出,沥干水分待用。

⑤ 热锅注油烧热,倒入姜片、豆瓣酱,爆香。

⑥ 倒入备好的鸡块,快速翻炒片刻。

⑦ 淋入少许料酒、生抽,注入适量清水,搅匀。

⑧ 加入些许鸡粉、白糖,搅匀调味。

⑨ 倒入红椒、青椒,翻炒匀。

⑩ 倒入少许的水淀粉,搅匀收汁后,将食材盛入碗中即可。

NO.43

干煸鸡翅

◎ **开胃消食、强身健体** ◎

原料:
鸡翅根200克,青椒、干辣椒各10克,花椒、熟花生米各适量

调料:
盐4克,豆瓣酱5克,生抽3毫升,蜂蜜3克,食用油适量,葱、生姜各5克

做法:

❶ 青椒洗净,切块;干辣椒洗净,切段;葱洗净,切段;生姜洗净,切丝。

❷ 鸡翅洗净,放入蜂蜜、生抽、盐,提前腌两个小时。

❸ 锅里放油烧热,将鸡翅放到锅里,用小火炸成金黄色,炸好后捞出来控净油,把青椒也放到锅里炸一下,捞出。

❹ 锅内留底油,放入花椒粒炸出香味,放入姜丝翻炒,放入干辣椒段、花生米翻炒几下。

❺ 放入炸好的鸡翅和青椒翻炒均匀,加入豆瓣酱、盐炒匀调味,出锅放上葱段即可。

NO.44

干锅鸭掌

◎ **美容养颜、强壮骨骼** ◎

原料：
鸭掌300克，干辣椒25克，青椒30克，熟芝麻5克

调料：
盐4克，鸡精、孜然粉各3克，食用油适量，大葱10克，蒜末、姜片、花椒各适量

做法：

❶ 干辣椒、青椒洗净，斜着切段；大葱洗净，切段。

❷ 鸭掌洗净，放入锅中，加入适量水，放姜片、大葱煮熟，捞起，沥干水分。

❸ 锅中倒入适量油，烧至七成热，放入煮好的鸭掌，炸到鸭掌表面金黄色，捞出。

❹ 锅中留底油，倒入干辣椒、青椒，放入蒜末、花椒，炒出香味。

❺ 倒入炸好的鸭掌，放入盐、鸡精、孜然粉，出锅时撒上芝麻即可。

NO.45

茶树菇炒鸭丝

◎ **开胃消食、增强免疫力** ◎

原料:
茶树菇100克,鸭肉150克,青椒、红椒各适量

调料:
盐、味精各3克,料酒、酱油、香油各10毫升,食用油适量

做法:

❶ 鸭肉洗净,切丝,加盐、料酒、酱油腌渍;茶树菇泡发,洗净,切去老根;青椒、红椒均洗净,切丝。

❷ 油锅烧热,下鸭肉煸炒,再入茶树菇翻炒。

❸ 放入青椒、红椒,翻炒至熟。

❹ 出锅前调入味精炒匀,淋入香油即可。

NO.46

自贡土豆烧鸭

◎ **增强免疫力** ◎

原料:
鸭肉200克，土豆100克，青椒、红椒各30克

调料:
料酒10毫升，盐、鸡粉各3克，老抽、生抽各5毫升，水淀粉、食用油、姜片、蒜末、葱白各适量

做法:

❶ 洗净的鸭肉斩成块。

❷ 青椒切段；红椒切段。

❸ 土豆切丁。

❹ 再把切好的鸭肉倒入沸水锅中，余煮2分钟，去除血水。

❺ 捞出鸭肉，沥干备用。

❻ 用油起锅，倒入鸭肉，翻炒至出油。

❼ 倒入姜片、蒜末、葱白，翻炒匀。

❽ 倒入土豆，淋入料酒，加少许老抽、生抽，炒匀。

❾ 倒入青椒、红椒，倒入适量清水，放入盐、鸡粉，炒匀。

⓫ 加盖，转成小火焖7分钟至熟透。

⓬ 揭盖，大火收汁，加入少许水淀粉，将食材盛入盘中即可。

NO.47

农家生态鹅

◎ 补虚益气 ◎

原料:
鹅肉150克,红椒30克,油豆腐80克

调料:
盐、鸡粉各3克,料酒10毫升,生抽5毫升,食用油、姜片、蒜末、葱段各适量

做法:

❶ 鹅肉切块;红椒切段。

❷ 锅中注入适量清水烧开,倒入洗净的鹅肉,搅散,汆去血水。

❸ 捞出汆煮好的鹅肉,沥干水分,备用。

❹ 用油起锅,放入姜片、蒜末、葱段,爆香。

❺ 倒入汆过水的鹅肉,快速翻炒均匀,淋入料酒、生抽,炒匀提味。

❻ 倒入红椒,加入少许盐、鸡粉,倒入适量清水,炒匀,煮至沸。

❼ 盖上盖,用小火焖20分钟,至食材熟软。

❽ 揭开盖,放入油豆腐,搅匀。

❾ 盖上盖,用小火再焖10分钟,至食材软烂。

❿ 揭盖,将食材盛入碗中即可。

NO.48

林里烧鹅

◎ **防癌抗癌** ◎

原料:

苦瓜80克,鹅肉150克,干辣椒10克,蒜苗、青椒、红椒各适量

调料:

料酒10毫升,生抽5毫升,盐、鸡粉各3克,水淀粉、蒜末、姜片、食用油各适量

做法:

①将去皮洗净的苦瓜切滚刀块;青椒、红椒切块。

②洗净的鹅肉斩块。

③起油锅,倒入切好的鹅肉。

④翻炒至变色,加料酒、生抽炒匀。

⑤倒入蒜末、姜片和洗好的干辣椒,倒入适量清水。

⑥加入盐、鸡粉,炒匀调味,加盖焖煮至鹅肉熟透。

⑦揭开锅盖,倒入苦瓜。

⑧加上盖,焖煮约3分钟至熟。

⑨大火收汁,倒入已洗净的蒜苗、青椒、红椒拌匀。

⑩加水淀粉勾芡,翻炒匀至入味后将食材盛入碗中即可。

NO.49

双椒兔

◎ **滋阴润燥** ◎

原料：

青椒、红椒各30克，兔肉100克，香菜适量

调料：

柱候酱10克，花生酱5克，老抽、生抽、料酒各5毫升，鸡粉3克，姜片、八角、葱段、花椒、食用油各适量

做法：

① 青椒切块；红椒切块；兔肉切块。

② 用油起锅，倒入洗净的兔肉块，炒至变色。

③ 放入姜片、八角、葱段、花椒，炒出香味。

④ 加入柱候酱、花生酱，炒匀。

⑤ 淋入老抽、生抽，炒匀上色。

⑥ 淋入少许料酒，炒香，注入适量清水。

⑦ 盖上盖，烧开后用中小火焖约1小时至兔肉熟透。

⑧ 揭盖，倒入青椒、红椒，加入鸡粉，拌匀，用大火收汁。

⑨ 拣出八角、姜片、葱段。

⑩ 关火后，将食材盛入盘中，放入香菜即可。

NO.50

巴山蜀水沸腾鱼

◎ 益智、开胃 ◎

原料:
草鱼1条,干辣椒、香菜各适量
调料:
盐、鸡粉、胡椒粉各4克,辣椒油、花椒油各5毫升,豆瓣酱5克,水淀粉、食用油、姜片、蒜片、葱白、花椒各适量

做法:

❶ 将宰杀处理干净的草鱼切下鱼头,斩成块。

❷ 把鱼脊骨取下来,斩成块,切下腩骨,斩成块,斜刀把鱼肉切成片。

❸ 切好的鱼骨加少许盐、鸡粉、胡椒粉拌匀,腌渍10分钟。

❹ 鱼肉加盐、鸡粉、水淀粉拌匀,加少许胡椒粉拌匀,加少许食用油,腌渍10分钟。

❺ 用油起锅,倒入姜片、蒜片、葱白、干辣椒、花椒炒香,倒入鱼骨略炒。

❻ 淋入料酒,倒入约800毫升清水。

❼ 加辣椒油、花椒油、豆瓣酱拌匀。

❽ 加盖,中火煮约4分钟。

❾ 揭盖,加盐、鸡粉,拌匀。

❿ 将鱼片和汤汁盛入碗中,鱼片撒上香菜、花椒。

⓫ 锅中加少许食用油,烧至六成热,往鱼片上浇上热油即成。

NO.51

新派水煮鱼

◎ 益智 ◎

原料：
草鱼500克，鸡蛋1个

调料：
盐、鸡粉各3克，料酒10毫升，豆瓣酱5克，淀粉、食用油、姜片、蒜末、葱段各适量

做法：

❶ 将处理干净的草鱼切开，取鱼骨，切大块，再取鱼肉，用斜刀切片。

❷ 把鱼肉片装入碗中，加入少许盐、蛋清，撒上适量淀粉，拌匀上浆，腌渍约10分钟，待用。

❸ 热锅注油，烧至三四成热，倒入切好的鱼骨，轻轻搅拌匀，用中小火炸约2分钟。

❹ 捞出炸好的鱼骨，沥干油，待用。

❺ 用油起锅，放入备好的姜片、蒜末、葱段，爆香，加入适量豆瓣酱，炒出香辣味，倒入炸过的鱼骨，炒匀。

❻ 注入适量开水，用大火煮一会儿，加入少许鸡粉、料酒。

❼ 关火后盛出煮好的材料，连汤汁一起倒入汤碗中即可。

NO.52

川味胖鱼头

◎ 补钙、开胃消食 ◎

原料：
胖鱼头1个(约1000克)，碎剁椒、泡椒各适量，豆豉10克

调料：
盐4克，白糖2克，鸡精3克，料酒3毫升，生抽、鲜味汁各4毫升，食用油适量，蒜、姜各10克，葱花少许

做法：

❶ 将鱼头洗净，从鱼唇正中一劈为二，均匀抹上适量盐，淋料酒，腌10分钟。

❷ 将蒜、姜、豆豉剁碎。

❸ 锅中注油烧热，倒入蒜、姜、豆豉、剁椒、泡椒爆香，盛出。

❹ 鱼头放入锅中用油煎香，倒入爆香的剁椒料，加入生抽、鲜味汁、白糖、鸡精、盐。

❺ 注入适量清水，熬至汤汁变浓，盛出撒上葱花即可。

NO.53

藿香大鲫鱼

◎ **发表解暑** ◎

原料：
藿香20克，砂仁10克，鲫鱼
1条

调料：
生抽、料酒各5毫升，鸡
粉、盐各3克，葱花、姜片
各适量

做法：

1. 锅中注入适量清水烧开。
2. 加入适量生抽、料酒、鸡粉、盐。
3. 撒入姜片，放入洗净的藿香、砂仁，搅拌均匀，煮至沸。
4. 将煮好的药汤盛出，装入碗中，再放入处理好的鲫鱼。
5. 将碗放入烧开的蒸锅中，中火蒸10分钟。
6. 揭开盖，将蒸好的鲫鱼取出，撒上葱花即可。

NO.54

石锅焖鲫鱼

◎ **增强免疫力** ◎

原料：
鲫鱼3条，青椒、红椒各30克
调料：
老抽、生抽、陈醋各5毫升，白糖、盐、鸡粉各3克，淀粉、食用油、花椒、姜片、蒜末、葱段各适a量

做法：

❶ 青椒斜切；红椒斜切。

❷ 将处理干净的鲫鱼装入盘中，撒上少许盐，抹匀。

❸ 淋入适量生抽，拌匀，再撒上少许淀粉，裹匀鱼身，腌渍一会儿。

❹ 热锅注油，烧至四五成热，放入腌渍好的鲫鱼，用中火炸一会儿，至其呈金黄色。

❺ 捞出炸好的鲫鱼，沥干油，待用。

❻ 锅底留油烧热，放入花椒、姜片、蒜末、葱段，用大火爆香。

❼ 注入适量清水，加入少许生抽、白糖、盐、鸡粉，再淋入适量陈醋。

❽ 用中火拌匀，煮约半分钟，至汤汁沸腾，放入炸过的鲫鱼。

❾ 淋入少许老抽，倒入青椒、红椒，边煮边浇汁，转小火煮约1分钟。

❿ 盛出煮熟的鲫鱼，装入石锅中即可。

NO.55

宽绍粉烧带鱼

◉ **养肝补血** ◉

原料:
水发宽绍粉150克,带鱼
100克

调料:
盐3克,料酒5毫升,豆瓣酱
5克,淀粉、姜末、食用油
各适量

做法:

❶ 处理好的带鱼肉两面切上网格花刀,再切成块。

❷ 把鱼块放入碗中,加入适量盐、料酒,拌匀。

❸ 撒上适量淀粉,腌渍10分钟。

❹ 用油起锅,放入带鱼块,用小火煎出香味。

❺ 翻转鱼块,煎至断生,关火后,盛出带鱼块,待用。

❻ 锅底留油烧热,倒入姜末,爆香,放入豆瓣酱,炒出
香味。

❼ 注入适量清水,放入带鱼块,倒入宽绍粉。

❽ 煮沸后,将食材盛入碗中即可。

NO.56

石板焗鲈鱼

◎ 健脾益气、补肝肾 ◎

原料：
鲈鱼500克，胡椒粒、洋葱丝（粒）各适量

调料：
盐4克，鸡粉、白糖各3克，烧烤汁3毫升，豆瓣酱6克，蒜蓉、葱粒、芝麻油、生抽、老抽各4毫升，食用油适量

做法：

❶ 将鱼洗好，去除内脏，切花刀，抹少许盐、鸡粉腌渍。

❷ 猛火烧油，油温升至五成热时，放鱼炸至金黄捞起。

❸ 锅底留余油，把胡椒粒、蒜蓉、洋葱粒爆香，放入少许水，加入各式调味料勾出芡汁。

❹ 在碟上铺上锡纸，将洋葱丝放在锡纸上，再放上鲈鱼，淋上勾好的芡汁，撒上葱粒，封好锡纸。

❺ 把锡纸鲈鱼送入预热好的烤箱，用180°烤10分钟左右即可。

NO.57

西红柿柠檬红鲨鱼

◎ 排毒美白、降低血压 ◎

原料：

红鲨鱼1000克，西红柿100克，柠檬2～3片，蛋清1个，奶粉20克

调料：

盐4克，鸡精、淀粉各2克，料酒5毫升，番茄酱、蚝油、蜂蜜各3克，花椒5克，蒜末、姜片、葱叶、食用油各适量

做法：

❶ 西红柿洗净，切成片。

❷ 将红鲨鱼杀好洗净，剁下头尾，鱼肉片成鱼片，将鱼片加少许盐、料酒、淀粉和蛋清抓匀，腌15分钟。

❸ 锅中加入适量油，烧至六七成热，放入适量蒜末、姜片、葱叶，炒出香味，放入鱼头、鱼骨、鱼尾煸炒。

❹ 放入少许料酒，稍炒，加入热水，大火烧开后，放入奶粉，用小火焖煮10～20分钟，关火作为底汤备用。

❺ 锅中注入少许油烧热，放入蒜末、姜片、葱叶，炒出香味，捞起葱姜蒜，放入西红柿翻炒，用大火反复翻炒，熬制出浆，倒入少许番茄酱、蚝油翻炒，倒入熬好的鱼汤，用大火煮开，放入柠檬片。

❻ 将腌好的鱼片倒入汤中，用锅铲散匀，大火烧开后改小火，放鸡精、蜂蜜、盐调味，盛入汤碗。

❼ 用少许油煸一下花椒，热油倒入鱼汤中，放上葱叶即可。

NO.58

黑龙滩大鱼头

◎ 温中健胃、散寒燥湿 ◎

原料：
鱼头1个，红剁椒、青剁椒各50克，香菜适量

调料：
料酒15毫升，盐5克，蒸鱼豉油5毫升，白胡椒粉、葱花、姜末、蒜末、大葱丝、食用油各适量

做法：

❶ 鱼头用清水洗净，撕掉黑膜，劈开。

❷ 在鱼头上倒入适量料酒、白胡椒粉、盐，腌渍均匀，腌20分钟。

❸ 将腌渍好的鱼头正面朝上，倒入蒸鱼豉油，铺上青剁椒、红剁椒。

❹ 将鱼头上锅蒸20分钟，取出，再在锅中焖20分钟。

❺ 锅中倒入适量食用油，将油烧滚热至冒烟。

❻ 将葱花、姜末、蒜末、剁椒均匀地铺于鱼上，浇上烧热的油，放上葱丝、香菜即可。

NO.59

霸气鳝鱼黄喉

◎ 补气血、增强免疫力 ◎

原料:
鳝鱼200克,黄喉150克,干辣椒适量,芝麻少许

调料:
郫县豆瓣酱15克,料酒5毫升,盐4克,生抽3毫升,食用油、花椒各适量,姜片5克,八角、葱花各少许

做法:

❶ 把宰杀洗净的鳝鱼剁成段;备好的黄喉切成片,分别加适量料酒腌渍一会儿。

❷ 锅中注油烧热,放入姜片、干辣椒、花椒、八角、豆瓣酱炒香。

❸ 放入鳝段、黄喉稍炒,加入适量清水,煮至食材变色。

❹ 加入盐、生抽,起锅盛入碗内,撒上芝麻、葱花。

❺ 锅中注入油,烧至七成热时淋在碗中即可。

NO.60

风爆土鳝鱼

◎ **清热解毒、润肠止血** ◎

原料：

鳝鱼肉200克，青椒、红椒各20克，香菜1根，泡姜、豆瓣、泡辣椒、干花椒、糍粑辣椒各20克，干辣椒10克

调料：

盐、胡椒粉各3克，味精、鸡精各5克，大蒜10克，食用油适量

做法：

❶ 将鳝鱼肉洗净，切段；青椒洗净，切段；红椒洗净，切段。

❷ 锅中注油烧热，加大蒜、豆瓣、泡姜、泡辣椒、干花椒、糍粑辣椒、干辣椒，煸香出色、出味。

❸ 放入青椒、红椒，稍炒。

❹ 将鳝鱼烧至断生，加入盐、胡椒粉、味精、鸡精调味，装入盘中，放上香菜即成。

NO.61

干烧海参皮

◉ **强身健体、抗肿瘤** ◉

原料：

海参皮100克，青椒、红椒各20克

调料：

老抽3毫升，白糖2克，盐3克，淀粉少许，花椒5克，葱段、食用油各适量

做法：

❶ 将海参皮先用热水提前泡24小时，并清洗干净。

❷ 青椒洗净，切段；红椒洗净，切长段。

❸ 热锅凉油，放入葱段、花椒，炒出香味。

❹ 放入青椒、红椒，稍炒，放入海参皮，翻炒均匀。

❺ 放入老抽、白糖、盐，加入适量水，再倒入少许淀粉勾芡。

❻ 烧开后改大火收汁，盛出即可。

NO.62

干烧辽参

◎ 补气养血、延缓衰老 ◎

原料：
辽参150克，胡萝卜30克，上海青50克，肉粒15克，高汤适量

调料：
味精2克，香油、花椒油各3毫升，盐3克，食用油适量，姜末、葱花、蒜末各少许

做法：

❶ 将辽参洗净，放入盛有清水的容器中浸泡，泡至肉质松软脆嫩，切成长条状，放入锅内，加入高汤，置在火上煨好。

❷ 胡萝卜洗净，切丁。

❸ 上海青洗净，入开水锅中焯水，捞出摆在盘子的四周。

❹ 锅内放油，烧至四成热，放入胡萝卜翻炸，再加入肉粒，并加入姜末、蒜末、味精，翻炒出香味。

❺ 将煨好的辽参加入，并滴入香油、花椒油，放盐调味，盛入装有上海青的盘中，撒上葱花即可。

NO.63

麦香焖鲍鱼

◎ **增强免疫力** ◎

做法：

❶ 用油起锅，放入葱结、姜片，用大火爆香。

❷ 放入氽好的鲍鱼，炒匀，淋入少许料酒，翻炒香。

❸ 注入适量清水，加入蚝油，拌炒匀，淋上适量生抽、老抽，拌匀上色。

❹ 加盐、鸡粉、白糖调味，炒匀。

❺ 盖上锅盖，煮沸后转用小火煮15分钟至入味。

❻ 揭盖，倒入熟燕麦，炒匀。

❼ 撒上葱花，将食材盛入盘中即可。

原料：
鲍鱼200克，熟燕麦100克

调料：
盐、鸡粉、白糖各3克，蚝油5克，生抽、老抽各5毫升，料酒10毫升，葱花、葱结、姜片、食用油各适量

NO.64

双椒鲍鱼

◎ **滋阴清热** ◎

原料：
鲍鱼200克，蟹味菇90克，杏鲍菇70克，朝天椒20克

调料：
盐、鸡粉、白糖各3克，蚝油5克，生抽、老抽各5毫升，料酒10毫升，水淀粉、食用油、葱结、姜片、蒜末各适量

做法：

① 朝天椒切圈；鲍鱼切花刀；蟹味菇切段；杏鲍菇切丁。

② 热锅注油，倒入蒜末爆香。

③ 倒入蟹味菇、杏鲍菇、朝天椒炒匀。

④ 加入盐、鸡粉、生抽炒匀入味，将炒好的食材盛入碗中待用。

⑤ 用油起锅，放入葱结、姜片，用大火爆香。

⑥ 放入余好的鲍鱼，炒匀，淋入少许料酒，翻炒香。

⑦ 注入适量清水，加入蚝油，拌炒匀，淋上适量生抽、老抽，拌匀上色。

⑧ 加盐、鸡粉、白糖调味，炒匀。

⑨ 盖上锅盖，煮沸后转用小火煮15分钟至入味。

⑩ 揭盖，倒入少许水淀粉，炒匀勾芡汁，将鲍鱼盛入盘中，放上之前炒好的食材即可。

NO.65

老南瓜焗鲍仔

◎ **滋阴清热** ◎

原料：
南瓜150克，鲍鱼100克

调料：
蚝油5克，料酒、生抽、老抽
各5毫升，盐、鸡粉各3克，白
糖、水淀粉、食用油、葱结、
姜片、葱花各适量

做法：

① 南瓜切片，装碗。

② 洗净的鲍鱼取下肉，去除内脏，划上花刀。

③ 将南瓜放入蒸锅，盖上锅盖，用中火蒸约15分钟至熟透。

④ 揭盖，取出蒸好的食材待用。

⑤ 用油起锅，放入葱结、姜片，用大火爆香，放入鲍鱼，炒匀。

⑥ 淋入少许料酒，翻炒香，注入适量清水，加入蚝油，拌炒匀。

⑦ 淋上适量生抽、老抽，拌匀上色，加盐、鸡粉、白糖调味，炒匀。

⑧ 盖上锅盖，煮沸后转用小火煮15分钟至入味。

⑨ 取下盖子，挑去葱结、姜片。

⑩ 转用中火，倒入少许水淀粉，炒匀勾芡汁，关火备用。

⑪ 再盛出锅中烧制好的鲍鱼，摆放在南瓜上，撒上葱花即可。

NO.66

逆水寒江烧甲鱼

◎ **防癌抗癌** ◎

原料：
甲鱼（人工饲养）200克，青椒、红椒各20克

调料：
盐、鸡粉、白糖各3克，料酒、生抽各5毫升，水淀粉、食用油、姜片、葱段、蒜末各适量

做法：

① 锅中注入适量清水，大火烧开，倒入处理好的甲鱼块，搅拌匀，氽煮去血水。

② 将甲鱼块捞出，沥干水分，待用。

③ 青椒切块；红椒切块。

④ 热锅注油烧热，倒入姜片、葱段，爆香。

⑤ 倒入甲鱼块，快速翻炒片刻。

⑥ 淋上料酒，炒匀，淋入生抽，翻炒提鲜。

⑦ 注入适量清水，搅拌，加入盐、白糖，拌匀。

⑧ 盖上盖，大火煮开后转小火煮10分钟。

⑨ 掀开盖，倒入蒜末，炒匀，加入鸡粉，翻炒匀。

⑩ 加入水淀粉，快速翻炒片刻后，将食材盛入碗中即可。

NO.67

红烧紫薯甲鱼

◎ 滋阴凉血、补肾健骨 ◎

原料：
甲鱼（人工饲养）800克，紫薯500克，鸡蛋12个，高汤500毫升

调料：
酱油10毫升，料酒8毫升，冰糖8克，盐4克，味精3克，豆瓣酱5克，姜片、葱结各10克，水淀粉、食用油各适量

做法：

❶ 甲鱼切开壳，留全壳不砍，甲鱼肉砍成块，洗净。

❷ 锅中倒入适量清水，加入料酒烧开，将甲鱼壳和甲鱼肉倒入焯水，捞出用清水洗净、沥干。

❸ 将紫薯去皮洗净，切成块。

❹ 将鸡蛋入开水锅中煮熟，去壳，再入油锅中炸至表面金黄，捞出待用。

❺ 锅内放适量油，烧七成热时倒入甲鱼块、紫薯块，过油至六成熟，捞出。

❻ 锅底留余油，放入姜片煸一下，倒入过油的甲鱼块、紫薯块，放入葱结，倒入高汤、酱油、料酒、冰糖、豆瓣酱，收小火慢慢煨到甲鱼熟烂，加盐、味精调味。

❼ 将甲鱼块盛入碗中，盖上甲鱼壳，四周间隔摆上鸡蛋和紫薯块。

❽ 锅中余汁用水淀粉勾芡，浇在甲鱼身上即成。

NO.68

鲜椒小花螺

◎ **增强免疫力** ◎

原料:
花螺200克,豌豆70克,红椒圈30克

调料:
盐、鸡粉各3克,料酒、生抽各5毫升,蚝油5克,水淀粉、食用油、葱段、姜片各适量

做法:

❶ 锅中注入适量清水烧开,倒入洗净的花螺。

❷ 略煮一会儿,淋入少许料酒,余去腥味。

❸ 将煮好的花螺捞出,沥干水分,装入盘中,备用。

❹ 倒入豌豆,煮至断生后捞出待用。

❺ 热锅注油,倒入葱段、姜片、红椒圈,翻炒出香味。

❻ 倒入花螺、豌豆,快速翻炒片刻。

❼ 加入少许盐、料酒、生抽、蚝油、鸡粉,炒匀调味。

❽ 放入剩余的葱段,倒入少许水淀粉。

❾ 翻炒片刻,使食材更入味。

❿ 关火后将炒好的花螺盛出,装入盘中即可。

NO.69

鹰嘴豆焖鳄鱼龟

◎ 滋阴补肾、健胃补血 ◎

原料：
鳄鱼龟250克，鹰嘴豆、笋片各50克，洋葱丝10克

调料：
柱候酱5克，白酒10毫升，盐4克，芝麻油4毫升，姜、大葱各10克

做法：

❶ 将鹰嘴豆提前用水浸泡2小时。

❷ 姜洗净，切片；大葱洗净，切段。

❸ 鳄鱼龟去壳，处理干净，将肉斩块，放入适量姜片、白酒，腌渍片刻。

❹ 放一些姜片和洋葱丝垫煲底，把鳄鱼龟肉铺上去，放入笋片、鹰嘴豆，加入柱候酱、盐、芝麻油，加适量水。

❺ 开大火，煮沸后，转小火焖30分钟左右，放上大葱段即可。

NO.70

青椒浸土鳝

◎ 增强视力 ◎

原料:

鳝鱼200克,泡灯笼椒、青椒、小米椒各30克,白芝麻10克

调料:

盐、鸡粉各3克,料酒、辣椒油各10毫升,豆瓣酱10克,淀粉、食用油、姜片、蒜片、蒜梗各适量

做法:

❶ 洗净的泡灯笼椒剁碎;青椒切块。

❷ 洗净的小米椒剁碎。

❸ 洗净的鳝鱼片切小段。

❹ 鳝鱼段加料酒、盐、鸡粉抓匀。

❺ 撒上淀粉拌匀,腌渍入味。

❻ 热锅注油,放入姜片、蒜片、蒜梗、泡灯笼椒、豆瓣酱,略炒。

❼ 倒入鳝鱼段、青椒,加料酒炒匀。

❽ 倒入适量水煮沸。

❾ 放入辣椒油、小米椒、白芝麻炒匀,煮3~5分钟至熟。

❿ 加鸡粉、盐,煮至入味,关火后将食材盛入碗中即可。

NO.71

铁板包浆豆腐

◎ **生津润燥、清热解毒** ◎

原料：
包浆豆腐200克，肉末20克，小米
椒、青椒各10克

调料：
生抽20毫升，白糖5克，醋5毫升，
盐3克，葱花、食用油各适量

做法：

❶ 包浆豆腐切成大小均匀的块。

❷ 小米椒、青椒洗净，切粒。

❸ 锅中倒适量油烧热，放入包浆豆腐，炸成金黄色捞出，盛入铁板中。

❹ 锅留底油，倒入肉末炒匀，倒入小米椒、青椒翻炒。

❺ 放入生抽、白糖、醋、盐，加适量清水，大火烧开。

❻ 烧至汤汁浓稠后，盛出浇在豆腐上，撒上葱花即可。

NO.72

乐山馋嘴蛙

◎ 美容养颜 ◎

原料：
蛙肉200克，干辣椒3个，花椒10克，香菜适量

调料：
盐、鸡粉各3克，蚝油5克，生抽、料酒各5毫升，姜片、蒜末、葱白、淀粉、食用油各适量

做法：

❶ 洗净的干辣椒切开，去籽，切成片。

❷ 将宰杀处理干净的牛蛙切去蹼趾，再斩成块。

❸ 牛蛙块盛入碗中，加少许盐、鸡粉、料酒，拌匀。

❹ 再加少许淀粉，拌匀，腌渍10分钟。

❺ 热锅注油，烧至五成热，倒入腌渍好的牛蛙，滑油至转色捞出。

❻ 锅留底油，倒入花椒、姜片、蒜末、干辣椒和葱白爆香，加入斩好的牛蛙，淋入少许料酒，翻炒去腥。

❼ 加盐、鸡粉、蚝油、生抽炒匀，调味，注入适量清水煮沸。

❽ 加少许淀粉勾芡，翻炒匀至入味。

❾ 将食材盛入碗中，撒上香菜即可。

NO.73

经典馋嘴蛙

◎ 护肤美容 ◎

原料：
牛蛙200克，干辣椒20克，花椒10克，剁椒适量

调料：
盐、鸡粉各3克，蚝油5克，生抽、料酒各5毫升，葱花、姜片、蒜末、葱白、水淀粉、食用油各适量

做法：

❶ 将宰杀处理干净的牛蛙切去蹼趾，再斩成块。

❷ 牛蛙块盛入碗中，加少许盐、鸡粉、料酒，拌匀。

❸ 再加少许水淀粉，拌匀，腌渍10分钟。

❹ 热锅注油，烧至五成热，倒入腌渍好的牛蛙，滑油至转色捞出。

❺ 锅留底油，倒入姜片、蒜末和葱白、干辣椒、花椒爆香。

❻ 倒入切好备用的剁椒。

❼ 加入斩好的牛蛙，淋入少许料酒，翻炒去腥。

❽ 加盐、鸡粉、蚝油、生抽炒匀，调味。

❾ 加少许水淀粉勾芡后将食材盛入碗中即可。

NO.74

牛肉豆花

◎ **清热润燥** ◎

原料:
豆花1碗,牛肉末50克
调料:
盐、鸡粉各3克,生抽、食用
油、蒜末、葱花各适量

做法:

❶ 热锅注油,倒入蒜末爆香。

❷ 倒入牛肉末炒香,加入盐、鸡粉、生抽炒匀入味。

❸ 关火后,将食材盛入碗中。

❹ 将肉末撒在豆花上,撒上葱花即可。

NO.75

麻婆豆腐

◎ **补中益气、滋养脾胃** ◎

原料:
猪肉（肥瘦）50克，老豆腐200克
调料:
酱油10毫升，盐3克，花椒粉2
克，豆豉5克，红辣椒油、香油、
水淀粉各5毫升，蒜叶25克

做法:
❶ 将猪肉洗净，剁成肉末备用；将豆腐放在开水中煮2分钟，捞出沥干水分，切块；蒜叶洗净，切段。
❷ 锅内倒入红辣椒油，用旺火烧热。
❸ 将猪肉末、酱油、豆豉放入，先炒几下，再放入豆腐炒几下，加入适量清水，小火焖一会儿。
❹ 待汤水很少，将水淀粉放入锅中，再放入蒜叶翻炒几下。
❺ 撒上花椒粉、盐，淋香油拌匀即可。

NO.76

爆椒凉粉

◎ 开胃 ◎

原料:
米凉粉150克，剁辣椒适量
调料:
盐、鸡粉、白糖、胡椒粉各3克，蒜末、葱花、芝麻油各适量，生抽、陈醋、花椒油、辣椒油各5毫升

做法:

❶ 将洗净的米凉粉切片，再切粗丝。

❷ 取一小碗，撒上蒜末、剁辣椒、盐、鸡粉、白糖。

❸ 淋入适量生抽，撒上少许胡椒粉，注入适量芝麻油。

❹ 再加入适量花椒油、陈醋、辣椒油。

❺ 匀速地搅拌一会儿，至调味料完全融合，制成味汁，待用。

❻ 取一盘，放入切好的米凉粉，浇上适量味汁。

❼ 撒上葱花，食用时搅拌均匀即可。

NO.77

石锅米凉粉

 清热解毒

原料：
米豆腐200克，肉末90克，朝天椒
10克

调料：
盐、鸡粉各3克，料酒10毫升，生
抽5毫升，豆瓣酱10克，葱白、水
淀粉、食用油各适量

做法：
1️⃣ 洗好的米豆腐切成块。
2️⃣ 热锅注油，倒入肉末，炒至发白。
3️⃣ 加少许料酒和生抽拌炒匀。
4️⃣ 倒入适量清水煮开。
5️⃣ 加入葱白、朝天椒、豆瓣酱，拌匀。
6️⃣ 加盐、鸡粉调味。
7️⃣ 倒入米豆腐。
8️⃣ 大火拌煮2~3分钟至充分入味。
9️⃣ 加入少许水淀粉勾芡。
🔟 将煮好的食材盛入碗中即可。

NO.78

水豆豉拌菠菜

◎ 补血 ◎

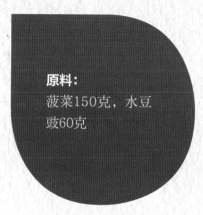

原料：

菠菜150克，水豆豉60克

做法：

❶ 菠菜切去叶子，将茎切成等长段。

❷ 锅内注入适量清水烧开，倒入菠菜煮至断生。

❸ 将菠菜捞出，摆放在盘中。

❹ 倒入准备好的水豆豉即可。

NO.79

清香山药

◎ **降血压** ◎

原料：
山药150克
调料：
盐、鸡粉各2克，水淀粉、食用
油、姜末、蒜末各适量

做法：

❶ 将洗净去皮的山药切成片。

❷ 用油起锅，放入姜末、蒜末，爆香。

❸ 再加入盐、鸡粉，炒匀调味。

❹ 倒入少许水淀粉，用大火快速翻炒几下，至食
材熟软、入味。

❺ 关火后盛出炒好的菜肴，装在盘中即成。

NO.80

搓椒时蔬

◎ **清热助消化** ◎

原料:
生菜100克,芹菜80克,辣
椒酱适量

做法:

❶ 生菜切块;芹菜切段。

❷ 锅内注水烧开,倒入生菜、芹菜煮至断生。

❸ 捞出煮好的食材盛入碗中。

❹ 浇上辣椒酱,拌匀即可。

NO.81

客至金元宝

◎ **增强免疫力** ◎

原料：
玉米粉150克，面粉200
克，酵母5克
调料：
盐3克，食用油适量

做法：

❶ 碗中倒入玉米粉、面粉，倒入酵母，混合均匀。

❷ 放入盐，搅拌匀，倒入少许温水，搅匀，揉成面团。

❸ 在面团上盖上干净毛巾，静置10分钟醒面。

❹ 取走毛巾，把面团搓至纯滑，将面团搓成长条。

❺ 再切成大小相等的小剂子。

❻ 取蒸盘，刷上少许食用油，把剂子捏成锥子状，用手掏出
一个窝孔，制成窝头生坯。

❼ 把窝头生坯放入蒸盘中，放入水温为30℃的蒸锅中。

❽ 盖上盖，发酵15分钟，打开火，用大火蒸15分钟，至窝
头熟透。

❾ 揭开盖，把蒸好的窝头取出，装入盘中即可。

NO.82

青菜钵

◎ 润肠通便 ◎

原料：
芥菜100克
调料：
盐、鸡粉各3克，生抽5毫升，食
用油、蒜末各适量

做法：
1 芥菜切碎。
2 热锅注油，倒入蒜末爆香。
3 倒入芥菜炒出水分。
4 加入盐、鸡粉、生抽炒匀入味。
5 关火后将炒好的食材盛入碗中即可。

NO.83

虎皮青椒

◎ **开胃消食、减肥** ◎

原料：

青椒200克

调料：

香醋15毫升，白糖15克，生抽5毫升，盐2克，大蒜2瓣，食用油适量

做法：

❶ 将青椒洗干净，把蒂部切掉，用小刀挖掉籽；大蒜拍破后去皮，切成碎末。

❷ 将生抽、白糖、香醋、盐放入碗里，混合均匀成调料汁备用。

❸ 锅中倒入油，中火加热至四成热后，将青椒排放入锅中。

❹ 用锅铲轻轻按压青椒，并不时将青椒翻面，使之均匀受热。

❺ 青椒两面表皮都煸出皱纹，将青椒拨到锅头的一边，放入蒜末煸香。

❻ 倒入之前调好的调料汁，翻炒入味，待汤汁收浓稠时，摆入盘中即可。

NO.84

鲜椒木耳

◎ **益气活血** ◎

原料:
水发木耳80克,红椒碎、香菜各适量

调料:
盐、鸡粉各3克,生抽5毫升,辣椒油10毫升

做法:

❶ 锅中注入适量清水烧开,放入洗净的木耳,拌匀。

❷ 煮约2分钟,至其熟透后捞出,沥干水分,待用。

❸ 取一个大碗,放入焯好的木耳、红椒碎。

❹ 加入少许盐、鸡粉。

❺ 淋入适量生抽,倒入少许辣椒油、香菜。

❻ 快速搅拌一会儿,至食材入味。

❼ 将拌匀好的木耳盛入盘中即可。

NO.85

滋味小土豆

◎ **帮助消化** ◎

原料：
去皮小土豆300克，猪肉90克

调料：
盐、白糖、鸡粉各3克，生抽5毫升，桂皮1片，八角5个，花椒5克，水淀粉、食用油、姜片、葱段各适量

做法：

① 猪肉切块。

② 热锅注油烧热，倒入桂皮、八角、花椒、姜片、葱段，爆香。

③ 倒入猪肉炒匀。

④ 加入少许生抽，注入适量清水。

⑤ 放入洗净的小土豆，加入少许盐、白糖。

⑥ 盖上锅盖，煮开后转小火煮30分钟至熟透。

⑦ 掀开锅盖，加入少许鸡粉、水淀粉，翻炒匀。

⑧ 将炒好的土豆盛出装入盘中即可。

NO.86

香菌掌中宝

◎ **增强免疫力** ◎

原料：
水发香菇40克，鸡胸肉100克，青椒、红椒各30克

调料：
盐、鸡粉各3克，生抽5毫升，食用油、蒜末各适量

做法：

❶ 鸡胸肉切块。

❷ 青椒切段；红椒切段。

❸ 热锅注油，倒入蒜末爆香。

❹ 倒入鸡胸肉，炒匀。

❺ 倒入红椒、青椒、香菇炒匀。

❻ 加入盐、鸡粉、生抽炒匀入味。

❼ 关火后将炒好的食材盛入盘中即可。

NO.87

小菜桃仁

◎ 益智 ◎

原料:
核桃100克，菜苗50克

做法:

❶ 核桃切块。

❷ 锅内注水，烧开，倒入菜苗煮至断生后捞出待用。

❸ 取一碗，倒入核桃，摆放上菜苗即可。

NO.88

深山小香菇

◎ **增强免疫力** ◎

原料：
水发小蘑菇100克，朝天椒10克，青椒30克

调料：
盐、鸡粉各3克，水淀粉、食用油、姜末、蒜末、葱末各适量

做法：

❶ 朝天椒切圈。

❷ 青椒切圈。

❸ 热锅注油，倒入蒜末爆香。

❹ 用油起锅，倒入姜末、蒜末、葱末，用大火爆香。

❺ 放入切好的青椒、朝天椒，拌炒片刻。

❻ 放入切好的蘑菇，拌炒片刻。

❼ 加入少许清水。

❽ 放入适量盐、鸡粉，拌炒均匀，再倒入少许水淀粉勾芡。

❾ 关火后将食材盛入碗中即可。

NO.89

乳瓜桃仁

◎ 益智 ◎

原料：

乳瓜90克，核桃70克

调料：

盐、鸡粉各3克，生抽5毫升，
水淀粉、食用油各适量

做法：

1 乳瓜切块。

2 核桃切块。

3 热锅注油，倒入核桃炒匀。

4 倒入乳瓜，炒至断生。

5 加入盐、鸡粉、生抽炒匀。

6 加入适量水淀粉勾芡。

7 关火后，将食材盛入盘中即可。

NO.90

五香爆口蘑

◎ 排毒理气、提高免疫力 ◎

原料：
口蘑150克，五花肉50克，芹菜、红椒各20克

调料：
五香粉5克，料酒3毫升，味精、白糖、盐各3克，淀粉4克，食用油适量，生姜、蒜瓣各少许

做法：

❶ 口蘑洗净，切成块；五花肉洗净，切小块；芹菜洗净，切段；红椒洗净，切圈；生姜、蒜瓣切片。

❷ 口蘑裹上淀粉，入油锅中炸至微微发黄后捞出控油。

❸ 锅底留油，放入姜片、蒜片炒香，放入五花肉炒匀。

❹ 放入芹菜、红椒，炒至变色，放入五香粉、料酒、味精、白糖、盐，翻炒调味。

❺ 放入口蘑，大火翻炒均匀后盛出。

NO.91

清香茼蒿

◎ 降压补脑 ◎

原料：
茼蒿100克，红椒20克
调料：
盐、鸡粉各2克，生抽、食用
油各适量

做法：

❶ 洗净的茼蒿切段；红椒切丝。

❷ 锅中注入适量清水烧开，加入少许盐，倒入适量食用
油，加入茼蒿、红椒，搅拌匀，煮半分钟。

❸ 把茼蒿、红椒入碗中。

❹ 加入盐、鸡粉、生抽拌匀入味即可。

NO.92

成都味道

◎ 开胃 ◎

原料：
面条100克，酸笋80克，白芝
麻适量

调料：
盐、鸡粉各2克，香油、花椒
油各适量

做法：

❶ 锅内注入适量清水煮开，倒入面条煮至熟软。

❷ 将面条捞出待用。

❸ 取一碗，加入盐、鸡粉、花椒油、香油、白芝
麻拌匀入味做成酱汁。

❹ 将酱汁倒入面条中，拌匀入味，搭配酸笋即可
食用。

NO.93

观音凉粉

◎ 开胃 ◎

原料：

凉粉100克

调料：

盐、鸡粉各2克，辣椒酱10克，生抽、食用油、蒜片、葱段各适量

做法：

❶ 洗净的凉粉切成小条。

❷ 热锅注油烧热，倒入凉粉，将凉粉平摊在锅中，稍微煎片刻。

❸ 往锅中倒入蒜片、葱段，爆香。

❹ 淋上生抽，注入少许的清水，煮至沸腾。

❺ 撒上盐、鸡粉。

❻ 充分拌匀入味，倒入辣椒酱拌匀。

❼ 关火后将炒好的凉粉盛入碗中即可。

NO.94

琥珀长春藤

◎ **增强免疫力** ◎

原料：
菜心100克，虾仁40克
调料：
盐2克

做法：

❶ 锅内注水烧开，倒入菜心，加上适量盐，煮至
断生后捞出。

❷ 将菜心切碎待用。

❸ 虾仁去虾线，入沸水锅中煮至变色即可捞出。

❹ 备好一个盘，将菜心堆起来，放上虾仁即可。

NO.95

韭香豆腐

◎ **增强免疫力** ◎

原料:
豆腐150克, 韭菜40克, 红椒10克

调料:
盐、鸡粉各3克, 生抽5毫升, 水淀粉、食用油、蒜末各适量

做法:

❶ 豆腐切块。

❷ 韭菜切段。

❸ 热锅注油, 放入豆腐, 煎至两面微黄色即可捞出待用。

❹ 锅内注油, 倒入蒜末爆香。

❺ 倒入豆腐炒匀, 倒入韭菜、红椒炒香。

❻ 加入盐、鸡粉、生抽炒匀入味。

❼ 加入适量清水煮沸, 用水淀粉勾芡。

❽ 关火后, 将炒好的食材盛入碗中即可。

NO.96

板栗腐竹煲

◎ **强精壮骨** ◎

原料：
水发腐竹80克，板栗、青椒、红椒各50克

调料：
生抽5毫升，盐、鸡粉各3克，白糖2克，番茄酱8克，姜片、蒜末、葱段、葱花、水淀粉、食用油各适量

做法：

❶ 洗好的青椒切成小块；洗净的红椒切成小块；水发腐竹切段。

❷ 热锅注油，烧至四五成热，倒入腐竹，拌匀，炸至金黄色，捞出，待用。

❸ 油锅中放入板栗，拌匀，炸干水分，捞出沥干油，待用。

❹ 锅留底油烧热，倒入姜片、蒜末、葱段，爆香。

❺ 倒入炸好的腐竹、板栗，加入生抽，拌匀。

❻ 倒入盐、鸡粉、白糖、番茄酱，拌匀调味。

❼ 盖上盖，烧开后用小火焖煮约4分钟。

❽ 揭开盖，倒入青椒、红椒，炒至断生。

❾ 倒入水淀粉勾芡，炒约1分钟。

❿ 关火后将食材盛入砂锅中，煮5分钟。

⓫ 取下砂锅，揭开盖，撒上葱花即可。

NO.97

素鳝粉丝

◎ 补益 ◎

原料：
水发香菇90克
调料：
盐、鸡粉各3克，蚝油5克，白
糖2克，淀粉40克，食用油、
姜片、葱白各适量

做法：

❶ 香菇挤干水份去蒂头，用剪刀沿着香菇外缘以螺旋状
剪至中心成为香菇条。

❷ 往香菇表面均匀沾上一层淀粉备用。

❸ 热锅注油烧至七成热，倒入香菇条，油炸至金黄色后
捞出待用。

❹ 锅底留油，倒入姜片爆香，倒入香菇条，浇入料酒。

❺ 加入盐、鸡粉、蚝油、白糖、淀粉，炒匀入味。

❻ 将炒好的食材盛入盘中，撒上葱白即可。

NO.98

鱼香茄盒

◎ **控制胆固醇** ◎

原料：
肉末110克，茄子130克，鸡蛋2个
调料：
盐、鸡粉各3克，料酒、生抽各5毫升，五香粉5克，甜辣酱30克，淀粉、食用油、姜末、葱花各适量

做法：

❶ 茄子切下第一刀时不切断，再切一刀成厚片。

❷ 肉末中加入姜末、葱花。

❸ 加入盐、鸡粉、料酒、生抽、五香粉，拌匀成肉馅。

❹ 淀粉装碗，倒入打散的鸡蛋液，稍稍拌匀。

❺ 注入少许清水，搅匀成面糊。

❻ 取适量肉馅塞入茄子片中，制成茄盒，待用。

❼ 热锅中注入足量油，烧至七成热。

❽ 将茄盒裹上面糊。

❾ 将裹上面糊的茄盒放入油锅中。

❿ 油炸约2分钟至茄盒成金黄色，之后捞出盛入盘中，浇上甜辣酱即可。

NO.99

二姐丁丁

◎ **美容养颜** ◎

原料:
花生米40克,芹菜80克,老豆腐
140克

调料:
盐、鸡粉各2克,生抽5毫升,辣
椒粉5克,食用油适量

做法:

❶ 老豆腐切丁。

❷ 芹菜切段。

❸ 热锅注油,倒入老豆腐炒匀。

❹ 倒入芹菜、花生米炒匀。

❺ 加入盐、鸡粉、生抽炒匀入味。

❻ 撒上辣椒粉炒匀入味。

❼ 关火后,将炒好的食材盛入盘中即可。

NO.100

风味藕盒

◉ **益胃健脾、养血补益** ◉

原料：
莲藕300克，肉馅150克，干辣椒10克，面粉50克，苏打粉少许

调料：
香葱1棵，生姜10克，花椒5克，酱油5毫升，生抽3毫升，五香粉、盐各3克，水淀粉、食用油各适量

做法：

❶ 将藕洗净，去皮烫一下，切成厚片，每两片相连成合页状；葱洗净，部分切末，部分切段；生姜洗净，切末。

❷ 将肉馅放入碗内，加入葱末、姜末、酱油、盐、水淀粉搅匀成馅。

❸ 把余下的水淀粉、苏打粉、面粉、五香粉调成薄糊，把肉馅夹入藕片做成藕夹，并挂上一层薄糊。

❹ 锅内放适量油烧热，下藕夹炸熟捞出。

❺ 锅中留适量油，放入干辣椒、花椒炒香，放入藕夹、葱叶。

❻ 放入生抽，炒匀装盘即可。